超酷的工具朋友圈

[法]拉斐尔·马丁 著   [法]普龙托 绘   吴筱航 译

世界图书出版公司

上海·西安·北京·广州

木工锤

这种锤子，又窄又扁的那一头叫作"锤尖"，它用来在刚开始钉钉子的时候轻轻敲打钉帽，将钉子精准地钉进去。方的那头则负责收尾工作，"啪啪"几下，让钉子完全固定。

羊角锤

在法国，有专门和家具布料打交道的工匠，他们用这种锤子修复扶手椅。锤子钝的那头用来固定家具布料，另一头用来拔出旧的钉子。

双头锤

双头锤的头部由木头或橡胶制成，非常柔软，所以在敲打木材的同时又不会对它们造成损坏。

电焊锤

电焊会在物体表面留下一层黑色物质，用这种锤子敲打那层黑色物质，可以使它变得光亮。

波尔卡锤（鸭嘴锤）

波尔卡是一种民间舞蹈的名字，不过这里的波尔卡指的是一种石匠用的锤子。从切割石料到打磨石料，用这一把就够了！

路易十五修鞋锤

它是女士鞋跟的救星。如果鞋子是纯手工打造的，那么用它来加固鞋跟就再合适不过了！

板锤

这种锤子是个双面手，它既可以用来固定木板，也可以用来刮去木板边缘多余的胶料。

直头皮雕锤

这是皮雕师傅用的锤子。使用的时候，既可以握住锤头，也可以握住锤柄。由于锤身是圆滚滚的，所以无论从什么角度发力敲打，都没问题。

大锤

这是个大家伙，使用时需谨慎！它既可以单独行事，也可以和凿子配合完成任务，专门负责拆卸事宜！

下水道锤

这种锤子半圆弧状的一头可以探入下水道井盖表面的圆洞中，把井盖提起来。如果井盖被淤泥糊住了，无法打开，这时候尖嘴杠杆状的一头就可以大显身手了。

铁锤和砧铁

这对好哥俩是铁匠的好帮手。把烧红后的铁放在砧铁上敲打，它就能变成你想要的形状了。

锯类工具

手板锯

这是最常见的锯子。在园艺活动中，它是必不可少的。如果碰上过于粗大的树枝，普通的修枝剪奈何不了时，就需要手板锯出场了。

修边锯

这把锯子形状很特别，使用时需要把它平贴在地面上，将凸起的木料齐根斩断，而且不会在地面上留下划痕。

曲线锯

在一块平整的木板上，要怎样才能裁出复杂的形状呢？用这把锯子就可以啦！它可以帮你实现所有的奇思妙想。

马刀锯

这种电动锯子可以更换锯条，使用起来方便快捷，它能轻松搞定木头、塑料、石膏等。

日本锯

与其他国家和地区使用的推锯不同，日本锯是一种拉锯，这也使它能实现更加精确的切割。

线锯

这种锯子的锯条细到能在薄木板上雕花，它是模型制作爱好者的好帮手。

双刃马刀锯

无论是木头还是石膏，甚至是砖块，在它强劲的马达和锋利的锯齿面前通通不值一提。但是操作的时候，千万小心你的手！

孔锯

把它装在开孔器上，我们就能锯出合适的孔洞，以便安装电线或者管道。

电锯

电锯的锯齿锋利无比，通电之后便全速旋转。我们用它来砍树。操作过程中得全副武装：手套、头盔、护目镜，一个都不能少！

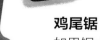

鸡尾锯

如果锯点在木板或石膏板上的一个小洞上，就要用到这种锯子。它的锯条又窄又长，用起来十分方便。

美工刀
美工刀的刀片既可伸缩，也可替换。它十分锋利，使用的时候当心手指！

美工刀片
这种刀片十分锋利。要是在使用过程中发现刀尖钝了，我们可以把它直接掰断，继续用下一格的新刀片。

地毯刀片
这种刀片两头向内弯曲，它的一头可以伸到地毯下面，另一头在地毯上面。使用时它会沿着一条直线裁剪地毯，毫不偏斜。

胡桃钳
胡桃钳手柄很长，可以轻松转动钳口，它的专长是卷铁丝。

断线钳
这种钳子是一种省力杠杆，能轻松剪断铁钉和铁丝。

铁皮剪
这种剪刀的钳口十分坚固，如果你没有电动工具，它能很好地帮助你完成板材裁剪任务。

电工刀
这种刀短而尖的那头专门用来剥离电线的绝缘层，另一头更大，功能也更多。

玻璃刀
玻璃刀的刀尖上镶的是人造钻石，因此价格并不昂贵。但在裁玻璃时，它可是一把难能可"贵"的工具。

金属切割刀
要裁剪金属板材，普通的剪刀显然无能为力。还是把这个任务交给能力更强的切割刀吧！

普通剪刀
从古到今，各行各业的人干活都离不开剪刀。还有的剪刀是专门为左撇子设计的。

油漆工具

料斗
料斗用来盛放油漆，上面的栅格可以使油漆充分地沾在滚筒刷上，还能防止油漆滴落。

油灰刀
油灰刀武艺齐全，和滚筒刷配合使用，刮、铲、拧，通通不在话下。刀的尾部有个小孔，可以挂到钉子上放置。

滚筒刷
滚筒刷的刷毛材质多样，如羊毛、泡沫塑料、绒布等。无论刷毛长短，它们都可以用来涂刷墙面。另外，给它的手柄加一个延长杆，你就能刷到天花板了。

大漆刷
这是刷子中的大个头，它通常用来进行大面积粉刷。有了它，给镶木地板上漆也变得容易了。

小漆刷
它是刷子里最低调的，刷头通常用猪鬃毛做成。在法语里，这种小刷子叫作"鳕鱼尾巴"。

长柄滚筒刷
这种刷子专门用来粉刷面积狭小的区域，它不仅可以准确定位，还可以节省时间。在法语里，它有一个很有趣的名字，叫"兔子腿"。

喷枪
喷枪和空气压缩机是一对好搭档。它们俩合体时，可以用来给汽车车身喷漆。

遮蔽胶带
遮蔽胶带通常用来盖住不需要喷漆的地方，它可以防止我们把油漆喷到电路开关或者窗玻璃上。

衬刷
衬刷是用来在某个颜色的面上勾画细节的。比如要在一堵灰色的墙上画一扇蓝色的门时，就需要衬刷来帮忙了。

拆装工具

电笔
电笔像个警卫兵，如果它的笔头碰到的地方有电，手柄的指示灯就会亮起来，起到警示作用。

螺丝刀
不论螺丝钉个头是大还是小，钉帽是一字状还是十字状，我们都能找到对应的螺丝刀。

可调节扳手
它的开口可以根据螺母的大小自由调节，因此大多数情况下，它取代了固定扳手。

螺丝钉
螺丝钉是把两种材料固定、衔接起来的理想工具。使用方法也很简单，只需要一把对应的螺丝刀转动钉帽即可。

螺栓和螺母
螺栓和螺母是我们固定东西的好帮手，它们两两合作，从不分家。从汽车里的发动机，到屋子里的百叶窗，它们的身影无处不在。

精密螺丝刀
精密螺丝刀用来处理个头极小的螺丝钉。它的刀头是有磁性的，能够吸住细小的螺丝钉，以防它们丢失。

铆钉枪和铆钉
给车装车牌，铆钉是最佳选择。把铆钉插入车牌边缘预留的小孔，再用铆钉枪固定，车牌就装好啦！

L形套筒扳手
这种扳手有一根呈直角的弯杆。当螺丝所在的空间太小或者难以进入，普通扳手施展不开的时候，就得靠它了。

电动螺丝刀
电动螺丝刀是普通螺丝刀的电动版本，通常配备可充电电池。有时它也能当作电钻使用。

管钳
管钳是由一个叫斯蒂尔森的人发明的。用手按紧调节开口的旋钮，把管钳斜放，用力往下按，钳子的虎口就会收紧。有了它，就能将螺栓拧下来了。

修边机

使用修边机时，我们会在它的夹头装上铣刀，这样就能对木材进行修边等多种加工处理了。

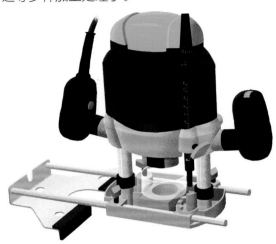

刨子

在西方，是罗马人发明了刨子这种古老的工具。直到今天，人们还在用它抛光木材。

锛子

人类在史前时代就开始使用锛子了。在历史上，我们的祖先用锛子剥过树皮，造过船，还用它维修过铁路。

平凿

平凿用来在木头上凿出方形的洞，这些洞叫作榫眼。再取另一根木头，在两头削出和榫眼对应的凸起部分，这叫榫头。把榫头插进榫眼，这两块木头就紧紧地连接在一起了。

槽刨

槽刨是一种个头较小的刨子，通常用来在木材上开槽。

异形锉刀

这些锉刀形状各异，五花八门，它们能够深入角落、缝隙或者构造复杂的物体里，帮助我们开展工作。

圆刨

圆刨由两个侧边把手和位于中间的刨刀组成，用来加工表面不平直的木材。刨刀有圆弧形的，也有扁平的，用哪种刨刀得根据具体情况来定。

半圆车刀

这种刀的刀片呈半圆形，在工匠的操纵下，它在木头上翩翩起舞，画出工匠想要雕刻的纹样。

木凿

不论是木匠，还是制作乐器的工匠，他们每人至少都有一把木凿，用来凿刻木材。

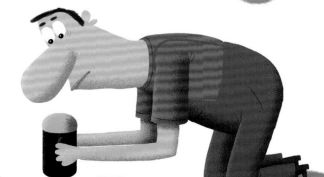

钻孔工具

电锤
电锤是各种打孔机的偶像，它能在混凝土、砖块、石头等硬质材料上开孔，不过，不包括金属。它为什么这么强大呢？因为它拥有一个由气缸驱动的锤击结构。

打孔钳
要在硬纸板和皮革上开孔，用打孔钳最合适了。如果要在皮带上打孔，它也乐意效劳。

木鞋冲子
在过去，这种工具用来在木鞋上打洞。但自从有了拖鞋，木鞋便退出了人们的生活。木鞋冲子也就随之变成了壁炉上的挂件。

圆柱冲
冲子要和其他工具配合使用，它不仅能在水泥上打孔，还能帮助登山运动员在悬崖上打孔，这样，运动员就能把身上的绳索固定在岩钉上。

电钻
电钻已经问世100多年了，是工匠们的大功臣，为他们提供了巨大的便利，未来很长时间也将如此。

弓摇钻
弓摇钻是一种手动的打孔工具。虽然现在已经很少有人使用它了，但过去很长时期，弓摇钻都备受木匠的喜爱。

三尖横刃木工扁钻
把这种钻头装在打孔器上，让它缓慢旋转，就能在木头上打出较大的洞。

手摇钻
这种老式手摇钻无须通电。它是纯手动的，上面配有一个转盘，只需要装上钻头，转动手柄，就能开孔了！

黏合工具

打包胶带
一个搬家用的普通硬纸箱，封口大约需要一米半的胶带。一卷打包胶带长约100米，够搬家工人把整个家都搬走了。

ABS胶水
这种白色的液体可以用来黏合木板或者硬纸板。

胶带
胶带不仅黏力强，而且使用起来十分方便，用手就能轻松撕断，毫不费力。

热熔胶枪
接上电源后，它能喷出一股股又细又烫的胶，这种热胶冷却后会自动凝固。

热熔胶棒
胶棒用来配合胶枪工作。把胶棒插入胶枪，熔化后就可以黏合了。另外，胶还没冷却的时候要千万小心，以免被烫伤！

强力胶
在强力胶广告里，一个男人脚被粘住了，整个人四脚朝天被倒挂在天花板上。强力胶就是这么厉害！

双面胶
双面胶的黏力强到能把一整面沉重的镜子固定在门板上。不过要想把镜子拆下来，就难了！

电工胶带
这种胶带是一个叫查特顿的英国人在1860年发明的。不过，它可不是用来粘东西的，而是用来给不同的电线做绝缘处理的。

骨胶
骨胶是用动物的骨头制成的，只要一遇热，它就会熔化，先前黏住的物品便会分开。是不是很神奇！

紧固类工具

钉子
直到19世纪末，钉子都是个稀罕货。为什么呢？因为当时的钉子全是纯手工制作的！而在今天，钉子的身影可谓无处不在，它常常藏在一幅幅画后面，固定着画框。

膨胀螺栓
要想把钉子牢牢固定在石膏或者水泥里面，几乎是不可能做到的。这时候该怎么办呢？答案就是请膨胀螺栓来帮忙。

打钉枪
这个打钉枪是订书机的近亲，但不同的是，它的工作地点不是办公室，而是建筑工地。工人们能用它把钉子打到几厘米深的地方！

扎带
这种扎带的本职是捆扎管道和缆线，但美国的警察灵机一动，偶尔把它用作简易手铐。

U形钉
U形钉，也叫骑马钉，两头都是尖的，主要用来固定铁丝网等各种金属网。

喉箍
把它套在需要固定的管子上，用螺丝刀拧紧，紧接着我们就能把管子固定到预期的位置上了，是不是很方便呢？

水管卡环
在这种工具被发明之前，如何把自来水管道固定在墙壁上，对水管工来说是个很大的难题。它出现之后，一切都迎刃而解啦！

虎钳式管束钳
有了它，各式各样的环也好、箍也好，都能被随意调紧或拆除。这可是个手艺活！

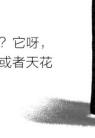

线卡钉
线卡钉是用来做什么的？它呀，可以把线缆固定在墙上或者天花板上，防止人触电。

测量工具

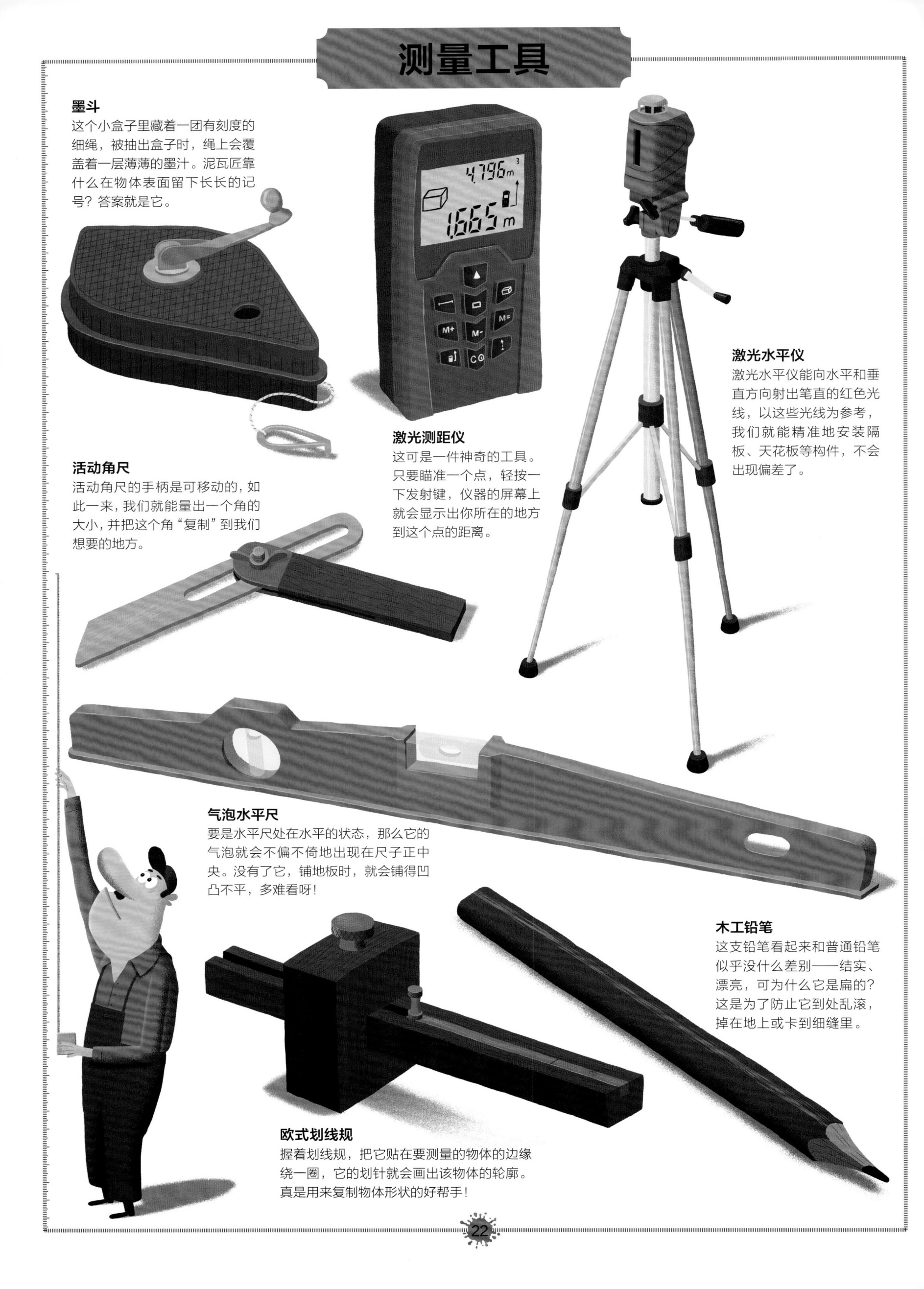

墨斗
这个小盒子里藏着一团有刻度的细绳，被抽出盒子时，绳上会覆盖着一层薄薄的墨汁。泥瓦匠靠什么在物体表面留下长长的记号？答案就是它。

激光测距仪
这可是一件神奇的工具。只要瞄准一个点，轻按一下发射键，仪器的屏幕上就会显示出你所在的地方到这个点的距离。

激光水平仪
激光水平仪能向水平和垂直方向射出笔直的红色光线，以这些光线为参考，我们就能精准地安装隔板、天花板等构件，不会出现偏差了。

活动角尺
活动角尺的手柄是可移动的，如此一来，我们就能量出一个角的大小，并把这个角"复制"到我们想要的地方。

气泡水平尺
要是水平尺处在水平的状态，那么它的气泡就会不偏不倚地出现在尺子正中央。没有了它，铺地板时，就会铺得凹凸不平，多难看呀！

木工铅笔
这支铅笔看起来和普通铅笔似乎没什么差别——结实、漂亮，可为什么它是扁的？这是为了防止它到处乱滚，掉在地上或卡到细缝里。

欧式划线规
握着划线规，把它贴在要测量的物体的边缘绕一圈，它的划针就会画出该物体的轮廓。真是用来复制物体形状的好帮手！

打磨工具

抛光块
抛光块的表面附着一层砂，把它握在手里，就能给物品抛光。

干磨砂纸
砂纸的表面覆盖着粗糙的小颗粒，我们用它来打磨物品表面，使之平整光滑，以便后续上漆或者涂胶。

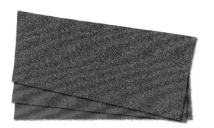

刮窗器
不管是窗玻璃上风干的鸟粪，还是顽固的胶带污渍，刮窗器都能轻松地让它们消失。

盘式轨道式砂光机
这种砂光机的磨盘能做高速离心运动，并轻微摆动，可以从各个角度进行打磨。

钢丝刷
要给一块旧铁片除锈，我们可以用钢丝刷，保证"刷"到"锈"除。

尖头小锉刀
在法语里，它有个有趣的名字，叫"老鼠尾巴"。不错，它细长的身材看起来的确像老鼠的尾巴，而它表面的锯齿也能像老鼠一样，一点一点"啃掉"木材。

平板式砂光机
这种砂光机里有一条能高速振动的磨片。接入电源，我们就能用它轻松地给木材抛光。

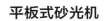

半圆锉刀
这种锉刀刀身排布着密密的小刀齿，它身材小巧，爱和比较柔软的材料"亲密接触"，比如木头、角、皮料等，为它们进行打磨。

带式砂光机
这种砂光机内部有一个电动马达，能带动砂带高速转动，给木材抛光，效率毋庸置疑。

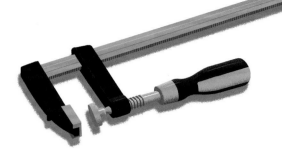

弓形夹

如果要把两个零件粘在一起，我们可以找弓形夹来帮忙。它可以紧紧咬住黏合口，不到黏胶晾干，誓不罢休！

强力A字夹

这种夹子看起来就像大一号的晾衣夹，我们可以用它来固定各种各样的物体，不过，湿衣服除外哦！

大力钳

通过拧动钳尾的螺杆，我们可以随意调整钳口的大小，使它能够始终夹紧零件。

直角夹

这种夹子可以装在工作台上，也可以固定在机器上。它能够把两个零件固定成直角，方便焊接或打孔。

可调节扳手

这种扳手的开口是可以调整大小的。它的钳口就像鳄鱼的嘴一样有力，可以紧紧咬住大大小小的零件。

石工钉

这是一种一体式实心钢钉，带有一个曲柄滑动固定杆。在施工的时候，它可以帮助工匠们固定砌体或挡板。

台虎钳

台虎钳的头部装在一个可以旋转的底座上，它的钳口能紧紧地固定住各种各样的零件，方便工人操作。

泥瓦匠弓形夹

这种弓形夹只有一个简单的金属骨架，没有多余的构造，是泥瓦匠的得力帮手，能在铺水泥时固定住模板。

镊子

这个镊子可不是用来拔眉毛的，而是用来夹取细小的零件，同时它还能防止人们因为力气过大夹坏零件。

焊接工具

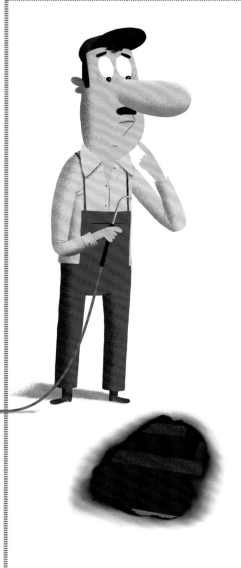

喷灯
在焊工手里，喷灯能用来焊铜、焊锌，在厨师手里则可以用来制作焦糖布丁。

电焊面罩
焊接金属时会产生极强的闪光，对眼睛造成极大的伤害。电焊面罩便是在这种情况下用来保护焊工的眼睛的。

电烙铁
和电焊不同，电烙铁多用来用焊丝当作"胶水"焊接细电线。

焊丝
焊丝是用合金做成的，具体使用哪种合金来制作焊丝，需要根据它使用的场合来定。比如，焊接电线用的焊丝和焊接电子零件用的焊丝就不一样。

弧焊机
它的电弧能产生几千摄氏度的高温，有了它，焊接坚硬无比的钢铁都不在话下。

割枪
割枪使用乙炔（一种气体）点火，火焰温度能达到3000℃以上。说到切割钢铁，谁能比它更出色？

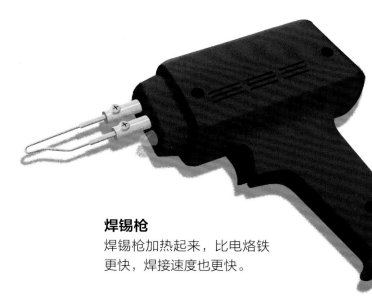

焊锡枪
焊锡枪加热起来，比电烙铁更快，焊接速度也更快。

焊条
焊条是弧焊机不可或缺的零件。它的芯是金属做的，加热时会熔化。

农耕工具

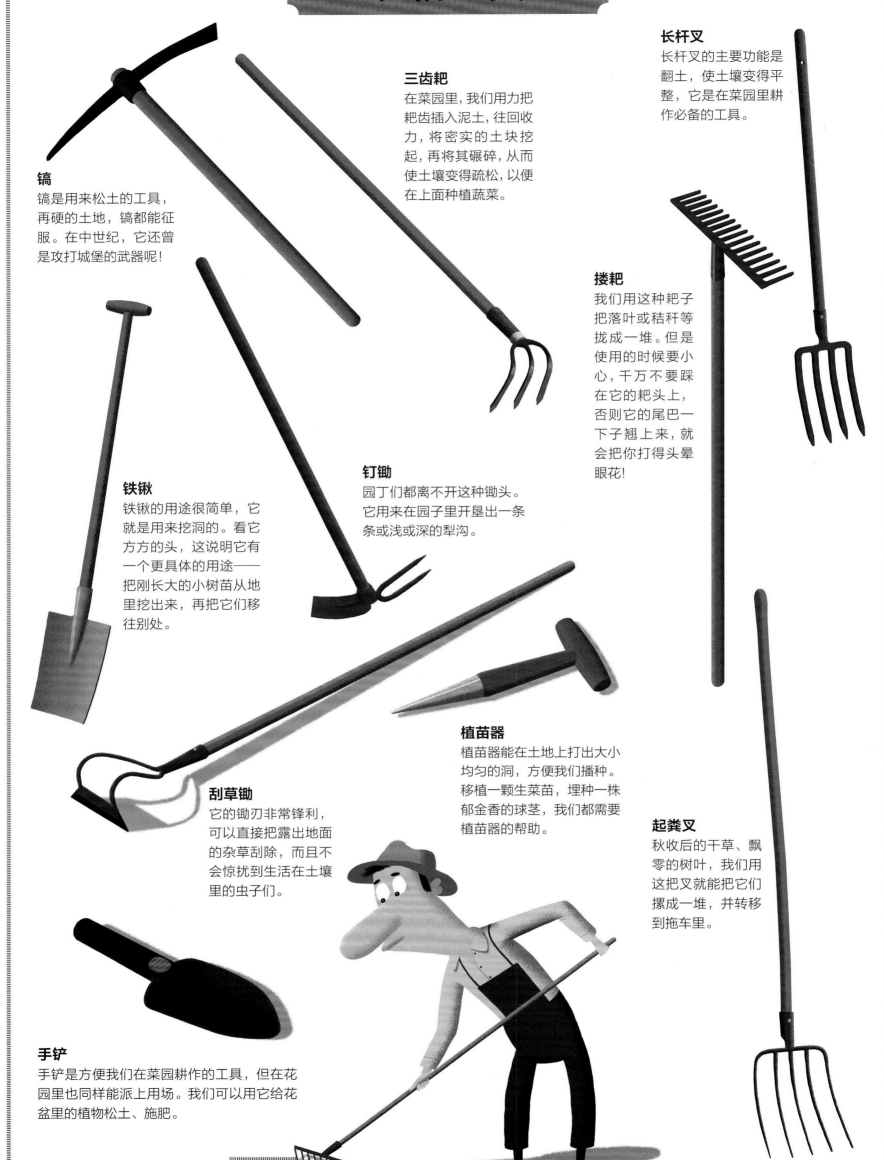

镐
镐是用来松土的工具，再硬的土地，镐都能征服。在中世纪，它还曾是攻打城堡的武器呢！

三齿耙
在菜园里，我们用力把耙齿插入泥土，往回收力，将密实的土块挖起，再将其碾碎，从而使土壤变得疏松，以便在上面种植蔬菜。

长杆叉
长杆叉的主要功能是翻土，使土壤变得平整，它是在菜园里耕作必备的工具。

搂耙
我们用这种耙子把落叶或秸秆等拢成一堆。但是使用的时候要小心，千万不要踩在它的耙头上，否则它的尾巴一下子翘上来，就会把你打得头晕眼花！

铁锹
铁锹的用途很简单，它就是用来挖洞的。看它方方的头，这说明它有一个更具体的用途——把刚长大的小树苗从地里挖出来，再把它们移往别处。

钉锄
园丁们都离不开这种锄头。它用来在园子里开垦出一条条或浅或深的犁沟。

植苗器
植苗器能在土地上打出大小均匀的洞，方便我们播种。移植一颗生菜苗，埋种一株郁金香的球茎，我们都需要植苗器的帮助。

起粪叉
秋收后的干草、飘零的树叶，我们用这把叉就能把它们摞成一堆，并转移到拖车里。

刮草锄
它的锄刃非常锋利，可以直接把露出地面的杂草刮除，而且不会惊扰到生活在土壤里的虫子们。

手铲
手铲是方便我们在菜园耕作的工具，但在花园里也同样能派上用场。我们可以用它给花盆里的植物松土、施肥。

修枝工具

斧头
说出来吓你一跳，人类使用斧头的历史已经超过150万年了！如果说在以前，斧头是用来斩杀敌人的武器，那么现在，它是用来斩断树干的利器。

园林修枝剪
有了它，咔嚓咔嚓，三下五除二，树篱便修剪好了。只要枝干不是特别粗，用这一把剪刀，我们便能高枕无忧啦！

高枝剪
高枝剪的手柄是套管式的，能够根据需要不断地加长。有了它，不论树枝有多高，我们都能把它们修剪到位。

绿篱机
用绿篱机修剪树篱，比用园艺剪快得多，同时也危险得多。可别小瞧它的威力，园艺工作中出现的意外，十有八九是由它引起的！

接枝刀
顾名思义，接枝刀就是用来给树木接枝的。接枝指的是把一棵树的一根枝杈嫁接到另一棵树的树干上，使后者具备前者的某些特征。这些特征包括果实的味道、树干的硬度等。

粗枝剪
粗枝剪是一种省力杠杆。有了它，我们就可以轻松剪去已经枯死的枝杈。

修枝锯
修枝就是剪去树木多余的枝杈。修枝锯有一个把手，使用者手握把手可以爬到很高的地方进行修枝。

园艺剪
园艺剪个头小巧，单手就可以操作。为了避免疾病在树木之间传播，修剪下一棵树之前，记得给剪子消毒哦！

柴刀
在从前，法国人用这种刀给葡萄树修枝。虽然这已经成为过去，但我们仍然习惯用柴刀给别的树木修剪枝杈。不过它的用法并不简单，不懂技巧，一通乱砍的话，会弄得枝杈满地，一片狼藉。

镰刀
这是一把短柄镰刀，和后来的长柄镰刀在形状上有所区别。它虽然古老，但是在世界上的某些国家和地区，当地农民仍然使用它来收割庄稼。

清理与收纳工具

工具车

工具车的车身是由一个个小抽屉组成的，底部装有小轮子，可以自由移动。修理工在哪儿，它就会"跟到"哪儿，随时向它的主人提供所需的工具。

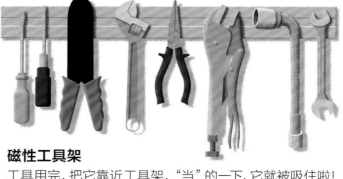

磁性工具架

工具用完，把它靠近工具架，"当"的一下，它就被吸住啦！磁铁真是个好东西。

工具收纳箱

收纳箱里有很多小抽屉，我们可以用它们来存放各种规格的螺丝和钉子。

工业吸尘器

这是个贪吃鬼，什么都往肚子里吞，石膏屑、木屑、生锈的铁钉、水以及其他各种液体……

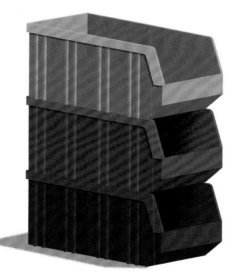

组合式收纳盒

有了它，各种乱糟糟、无处摆放的小物件都能找到属于自己的家，还能省出不少空间。

车间扫把

一天的工作结束后，最重要的收尾工作便是打扫。一定要选一把大一些的扫把，否则用小扫把扫上一整晚，够你受的。

工具包

工具包一般由柔软的可折叠布料制成，能够被轻易地卷起来，放在箱子里，既不占空间，又能备不时之需。

工具箱

这个箱子是工匠们随身携带的宝盒，里面整整齐齐地摆放着他们的各种常用工具。

工具陈列板

陈列板上的小挂钩能让每一种工具轻松找到属于自己的位置。有了它，工匠们再也不会弄混工具了。

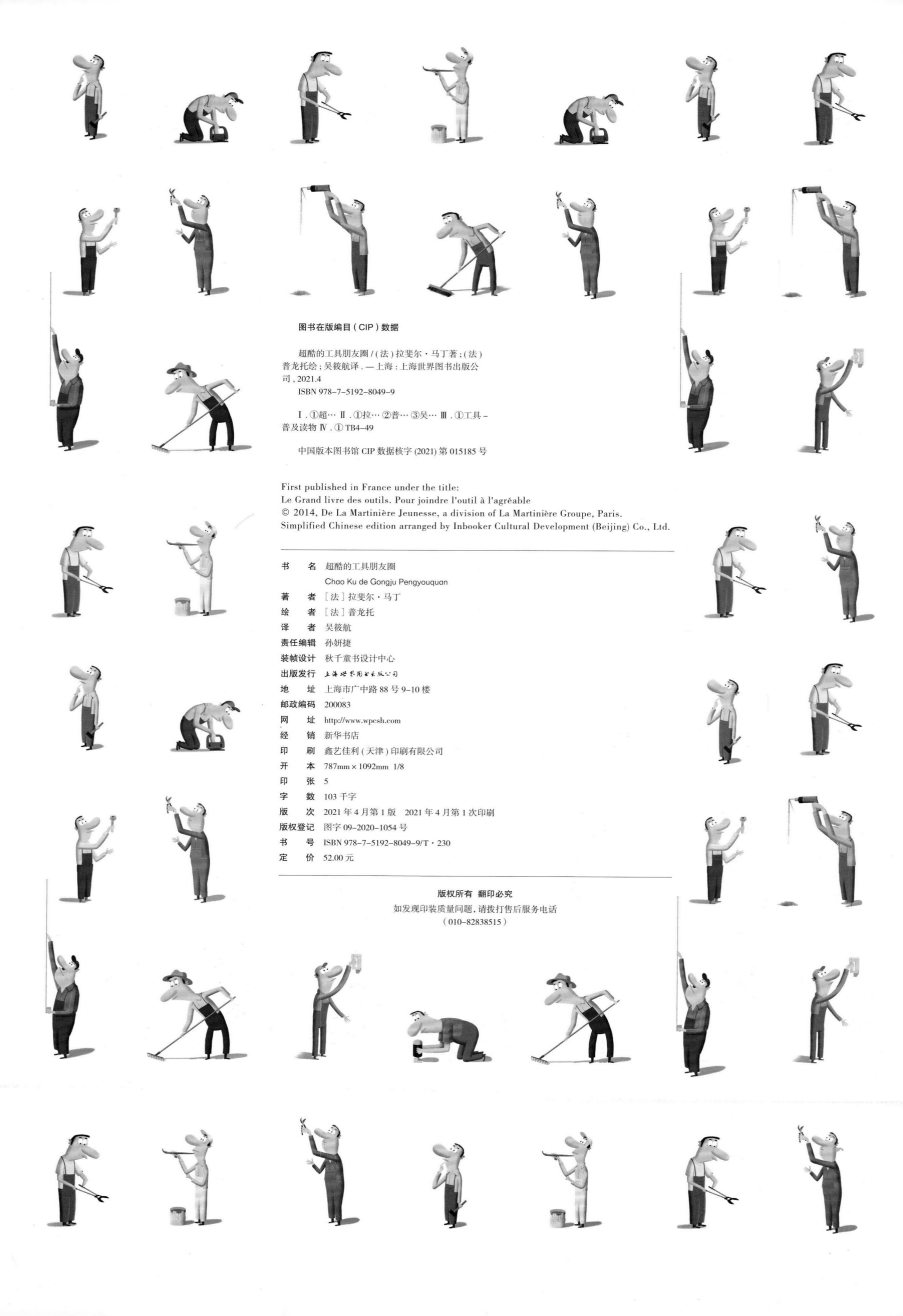

图书在版编目（CIP）数据

超酷的工具朋友圈 /（法）拉斐尔·马丁著；（法）
普龙托绘；吴筱航译. — 上海：上海世界图书出版公
司, 2021.4
　ISBN 978-7-5192-8049-9

Ⅰ.①超… Ⅱ.①拉…②普…③吴… Ⅲ.①工具 –
普及读物 Ⅳ.① TB4–49

中国版本图书馆 CIP 数据核字 (2021) 第 015185 号

First published in France under the title:
Le Grand livre des outils. Pour joindre l'outil à l'agréable
© 2014, De La Martinière Jeunesse, a division of La Martinière Groupe, Paris.
Simplified Chinese edition arranged by Inbooker Cultural Development (Beijing) Co., Ltd.

书　　名	超酷的工具朋友圈
	Chao Ku de Gongju Pengyouquan
著　　者	［法］拉斐尔·马丁
绘　　者	［法］普龙托
译　　者	吴筱航
责任编辑	孙妍捷
装帧设计	秋千童书设计中心
出版发行	上海世界图书出版公司
地　　址	上海市广中路 88 号 9–10 楼
邮政编码	200083
网　　址	http://www.wpcsh.com
经　　销	新华书店
印　　刷	鑫艺佳利（天津）印刷有限公司
开　　本	787mm × 1092mm　1/8
印　　张	5
字　　数	103 千字
版　　次	2021 年 4 月第 1 版　2021 年 4 月第 1 次印刷
版权登记	图字 09–2020–1054 号
书　　号	ISBN 978-7-5192-8049-9/T·230
定　　价	52.00 元